Samia Boussaa

# Les leishmanioses au Maroc: Epidémiologie et Stratégie de lutte

Samia Boussaa

# Les leishmanioses au Maroc: Epidémiologie et Stratégie de lutte

## Analyse de la situation actuelle

Noor Publishing

**Imprint**
Any brand names and product names mentioned in this book are subject to trademark, brand or patent protection and are trademarks or registered trademarks of their respective holders. The use of brand names, product names, common names, trade names, product descriptions etc. even without a particular marking in this work is in no way to be construed to mean that such names may be regarded as unrestricted in respect of trademark and brand protection legislation and could thus be used by anyone.

Cover image: www.ingimage.com

Publisher:
Noor Publishing
is a trademark of
International Book Market Service Ltd., member of OmniScriptum Publishing Group
17 Meldrum Street, Beau Bassin 71504, Mauritius

Printed at: see last page
**ISBN: 978-620-2-35872-9**

Zugl. / Agréé par: Marrakech, Université Cadi Ayyad, 2017

## TABLES DES MATIERES

# INTRODUCTION GENERALE

Les leishmanioses sont des affections cutanées ou viscérales, provoquées par plus de 20 espèces différentes de parasites du genre *Leishmania* (*Kinetoplastida*: *Trypanosomatidae*). Malgré la présence d'autres modes de transmission (Ready 2014), les phlébotomes (Diptera, *Psychodidae*, *Phlebotominae*) restent les seuls et les principaux vecteurs des leishmanioses avec plus de 98 espèces de vecteurs prouvés dans le monde (OMS 2016).

Les leishmanioses appartiennent au groupe des maladies tropicales négligées (Custodio *et al.* 2012; Feitosa *et al.* 2000) qui peuvent être à l'origine d'épidémies directement liées à l'augmentation des facteurs de risque. Ces facteurs sont essentiellement de nature anthropogène (Desjeux 2002) tel que les changements climatiques, nutritionnels et migratoires (Marins 2011; Silva *et al.* 2001).

Après le Paludisme, les leishmanioses constituent la deuxième maladie parasitaire dans le monde. Son fardeau est très élevé, avec environ 350 millions de personnes exposées au risque d'infection dans 98 pays (Murray *et al.* 2005; OMS 2010).

Les leishmanioses regroupent quatre entités éco-épidémiologiques : la leishmaniose viscérale anthroponotique et zoonotique, et la leishmaniose cutanée anthroponotique et zoonotique. L'Homme est considéré comme la seule source d'infection dans les cycles de transmission anthroponotique, alors que dans les formes zoonotiques, certains animaux peuvent jouer le rôle de réservoir du parasite.

Cliniquement, les leishmanioses se manifestent en différentes formes : viscérale, cutanée localisée, cutanée diffuse ou cutanéo-muqueuse (Dedet 2001a). La leishmaniose cutanée est la forme la plus fréquente dans le monde, mais la leishmaniose viscérale est la plus grave, pouvant être mortelle en l'absence de prise en charge adéquate.

Sur la base des cas notifiés jusqu'en 2010, l'OMS estime que 90% des cas de la leishmaniose viscérale dans le monde se concentreraient dans 6 pays: Bangladesh, Brésil, Éthiopie, Inde, Soudan et Soudan du Sud. Pour la leishmaniose cutanée, 10 pays comptaient plus de 70% des cas survenus dans le monde: Afghanistan, Algérie, Brésil, Colombie, Costa Rica, Éthiopie, Pérou, République arabe syrienne, République islamique d'Iran et Soudan (OMS 2016).

Les leishmanioses sont des maladies endémiques au Maroc et constituent un énorme fardeau pour la santé publique. En 2014, 86 cas de leishmaniose viscérale et 2555 cas de leishmaniose cutanée ont été déclarés avec des incidences respectives de 0,91 et 5,62 cas par 10 000 habitants pour la leishmaniose viscérale et la leishmaniose cutanée dans les zones d'endémie (Ministère de santé (MS) 2015 ; OMS 2016). La population marocaine à risque est estimée à 10% pour la leishmaniose viscérale et 14% pour la leishmaniose cutanée alors que la létalité de la forme viscérale est de 2% (MS 2015a ; OMS 2016).

Au Maroc, les leishmanioses sont répandues dans tout le pays selon trois entités cliniques. La leishmaniose cutanée zoonotique à *Leishmania major* se manifeste essentiellement dans les zones pré-sahariennes ; la leishmaniose cutanée anthroponotique à *L. tropica* localisée essentiellement dans le centre du pays où elle sévit sous forme hypoendémique ; et la leishmaniose viscérale à *L. infantum* qui est localisée notamment dans des foyers ruraux dispersés au Nord du pays sous un mode hypo-endémique.

Malgré ces données, la situation eco-épidémiologique de ces parasitoses est loin d'être bien élucidée au Maroc. En effet, la coexistence de *L. tropica* et *L. major* dans les Provinces de Taroudant et Boulemane d'une part (Rhajaoui 2011) et la coexistence de *L. tropica* avec *L. infantum* à Sefrou d'autre part (Hmamouch *et al.* 2014) pourraient mettre en cause la parfaite dichotomie Nord–Sud (leishmaniose viscérale/leishmaniose cutanée) de la leishmaniose au Maroc.

Par ailleurs, des formes viscérotropes causées par *L. tropica* ont été identifiées à plusieurs reprises chez le chien (Dereure *et al.* 1991 ; Guessous-Idrissi *et al.* 1997a ; Lamrani *et al.* 2002), alors que des formes dermatotropes causées par *L. infantum* ont été notifiées à Sidi Kacem sous forme de foyer (Rhajaoui *et al.* 2007). Ces données pourraient mettre en question le pouvoir pathogène et la virulence de chacune des trois espèces du parasite au Maroc.

Une diversité génétique considérable est démontrée chez les populations marocaines des vecteurs (Pesson *et al.* 2004 ; Yahya *et al.* 2004 ; Boussaa *et al.* 2008) et du parasite (Pratlong *et al.* 1991 ; Lemrani *et al.* 2002) suggérant la possibilité de plusieurs cycles épidémiologiques correspondant aux différents variantes génétiques du même parasite.

Cliniquement, les nouveaux foyers de la leishmaniose cutanée à *L. tropica,* identifiés à partir de 1995 au Nord et au centre sud du pays, présentent un polymorphisme clinique important, prêtant confusion avec une leishmaniose cutanée à *L. major* (Chiheb *et al.* 1999). Puis, la forme cutanéo-muqueuse autochtone a été signalée pour la première fois au Maroc (Iguermla *et al.* 2011). Recemment, Mouttaki *et al.* (2018) ont rapporté l'association clinique de la leishmaniose viscérale et la leishmaniose cutanée localisée chez deux patients du centre marocain.

Les leishmanioses restent une grande problématique de santé au Maroc. Ce rapport constitue une contribution à l'étude et à l'analyse de sa situation éco-épidémiologique avec l'objectif d'apporter des recommandations et des conclusions pratiques pour la lutte contre les leishmanioses au Maroc.

# LES LEISHMANIOSES AU MAROC

## I. Historique

Les leishmanioses sont connues au Maroc depuis prés d'un siècle. Les deux formes cutanée et viscérale ont été rapportées quasiment en même année. En 1913, Remilinger a signalé la première observation de Kala-azar à Tanger (Remilinger 1926), puis d'autres observations ont été rapportées à Meknès, Ouazzane, le Rif et Arfoud (Klippel et Monier 1921 ; Flys-Sainte-Marie 1934 ; Souhail 1994). En 1970, Khellab a rapporté 25 cas de Kala-azar infantile recueillis, dans trois hôpitaux du Maroc : à Meknès, à Fès et à Rabat (El Alami 2009). En 1914, Foley *et al.* ont signalé l'existence du bouton d'orient dans le sud marocain, puis d'autres cas de bouton d'Orient ont été rapportés à Figuig en 1925 (Souhail, 1994) et dans l'Atlas marocain (Colonieu 1931).

Parallèlement à ces observations cliniques, les phlébotomes du Maroc ont suscité la curiosité de plusieurs auteurs. Ristorcelli (1939, 1940, 1941, 1945, 1947) et Gaud (1947) ont initié la collecte et l'inventaire des espèces de phlébotomes au Maroc ; puis la synthèse générale sur la répartition géographique et la fréquence saisonnière de ces espèces sur l'ensemble du pays (Gaud, 1954 ; Gaud et Laurent, 1952). Bailly-Choumara *et al.* (1971) ont complété ces données entomologiques et ont présenté une analyse de la répartition géographique des phlébotomes en fonction des conditions bioclimatiques du Maroc.

En 1974, la répartition géographique des deux formes cliniques de leishmanioses, cutanée et viscérale a été étudiée au Maroc (Mahjour *et al.* 1992). Entre 1980 et 1989, une série de missions éco-épidémiologiques ont été entreprises en collaboration avec l'équipe du laboratoire de l'Ecologie Médicale et de Pathologie Parasitaire, de la Faculté de médecine de Montpelier. Leur principaux objectifs sont, l'analyse éco-épidémiologique des foyers des leishmanioses au Maroc et l'identification des différents acteurs

(Parasite, vecteur et réservoirs) des chaines de transmission de ces parasitoses dans le contexte local (Contrat n° TS 2M- 0058-F (CD) Espagne-France- Maroc).

Ces missions éco-épidémiologiques au Maroc ont permis d'arrêter la liste des phlébotomes du Maroc (MS 1997), d'identifier l'implication épidémiologique de certaines espèces (Rioux *et al.* 1975, 1977 et 1986), d'étudier les corrélations vecteur bioclimat (Rioux *et al.* 1984) et d'envisager des prévisions de la distribution des phlébotomes et des leishmanioses en fonction des changements climatiques (Rioux *et al.* 1997 ; Rioux & De La Rocque 2003).

Contrairement au vecteur, le réservoir des leishmanies n'est pas assez étudié au Maroc. Seul le rôle de *Meriones shawi* dans la transmission de *L. major* (Rioux et al. 1982) et celui des canidés dans la circulation de *L. infantum* (Guessous-Idrissi *et al.* 1997b) ont été confirmés au Maroc.

Actuellement, les leishmanioses sont des maladies sous surveillance et font partie des maladies à déclaration obligatoire depuis le mois de janvier 1996 (arrêté ministériel N° 683-95 du 31/03/95)

## II. Entités Eco-épidémiologiques

Endémiques ou sporadiques, les différentes formes de leishmaniose couvrent l'ensemble du territoire marocain depuis les montagnes du Rif jusqu'aux palmeraies de l'Anti-Atlas (Figure 1). Selon l'hôte réceptif, on distingue les leishmanioses humaines et les leishmanioses canines (Figure 2).

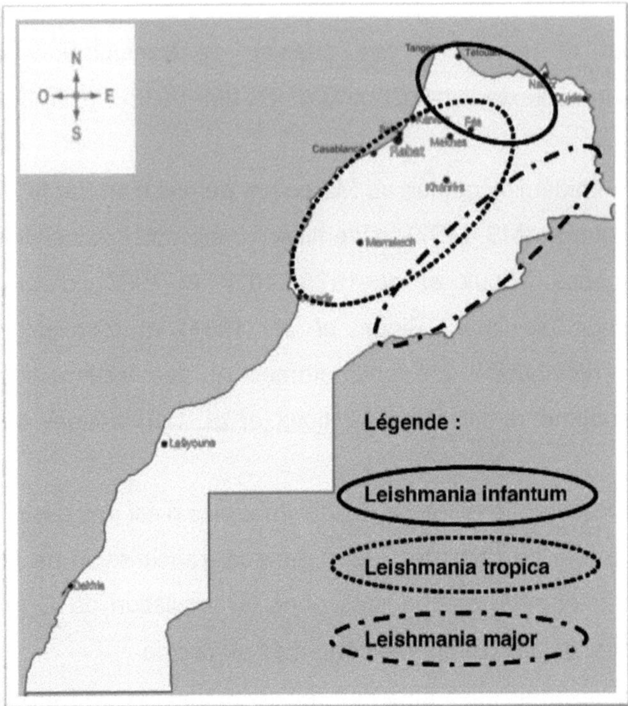


**Figure 1**. Présentation de la distribution estimative des trois espèces de parasite responsables de différentes formes de leishmaniose au Maroc

## II. 1. Les leishmanioses humaines

- **La leishmaniose cutanée zoonotique à Leishmania major** : Une forme cutanée humide qui se manifeste essentiellement dans les zones présahariennes du Maroc. C'est une forme rurale dont le réservoir est un rongeur commensal le Meriones shawi et le seul vecteur prouvé est Phlebotomus papatasi. La maladie sévit sous forme d'épidémies suivies de périodes d'accalmie (Kahime et al. 2014). L'analyse biochimique des souches isolées du parasite identifie L. major MON 25 comme étant le seule zymodème qui circule au Maroc (Rhajaoui 2011).

- **La leishmaniose cutanée anthroponotique à *L. tropica* :** Une forme cutanée sèche dans les foyers hypo-endémiques au centre du pays. C'est une forme anthroponotique dite urbaine qui est transmise par *P. sergenti* (Kahime *et al.* 2014). L'étude du polymorphisme enzymatique de *L. tropica* a montré une variabilité génétique considérable avec au moins sept zymodèmes (Pratlong *et al.* 1991).

- **La leishmaniose cutanée à *L. infantum* :** *L. infantum* MON-24 est responsable de la leishmaniose cutanée humaine essentiellement dans le nord du Maroc, à Taounate et à Sidi Kacem (Lemrani *et al.* 1999 ; Rhajaoui *et al.* 2007) mais aussi au sud de l'Anti-Atlas (Rioux *et al.* 1996). Le cycle de transmission de ce variant est probablement similaire à celui du virant viscérotrope de *L. infantum*, puisque *L. infantum* MON-24 est isolé d'un chien dans le pré-Rif marocain (Haralambous *et al.* 2007).

- **La leishmaniose zoonotique viscérale :** *L. infantum* MON-1 est responsable de la forme viscérale qui touche principalement les enfants. Il est localisé essentiellement au Nord du pays sous un mode hypo-endémique dans des foyers ruraux dispersés ; puis il devient sporadique dans le sud (Dereure *et al.* 1986; Kahime *et al.* 2015a). Avec le chien comme réservoir, la leishmaniose viscérale est transmise au Maroc par des espèces du genre *Larroussius* (Zarrouk *et al.* 2015).

**Figure 2**. Présentation des principaux cycles de transmission des leishmanioses au Maroc

## II. 2. Leishmaniose canine

Au Maroc, la leishmaniose canine est souvent étudiée dans le cadre de la leishmaniose viscérale humaine et en tant qu'infection du réservoir pour évaluer le risque de la transmission chez l'Homme. Ainsi, à l'exception du Nord où sévit la leishmaniose viscérale humaine, peu de données sont disponibles quant à la présence et la répartition de la leishmaniose canine au Maroc.

Le premier chien leishmanien au Maroc fut déclaré en 1932 (Jeaume 1932). Depuis, le nombre de cas rapportés par les services vétérinaires des deux secteurs n'a cessé d'augmenter. Le Zymodème viscérotrope *L. infantum* MON-1 est responsable de la leishmaniose viscérale humaine et canine au Maroc (Amro *et al.* 2013). La donne confirmée par plusieurs investigations épidémiologiques dans le nord (Najjar *et al.* 1998 ; Rami *et al.* 2003) et le centre marocain (Boussaa *et al.* 2014 ; Fellah *et al.* 2014). Cependant, *L. infantum* MON-24 et *L. tropica* (MON-102, MON-113 et MON-279) peuvent être aussi à l'origine de la forme viscérale chez le chien au Maroc (Guessous-Idrissi *et al.* 1997a ; Lemrani *et al.* 2002 ; Haralambous *et al.* 2007).

## III. Aspects diagnostiques et thérapeutiques des Leishmanioses au Maroc

Comme ont indiqué Alvar *et al.* (2004), le diagnostic de leishmanioses humaine, canine et chez les rongeurs ne présentent pas de différences majeures.

La leishmaniose cutanée correspond à des atteintes exclusives de la peau sous forme de petites lésions inflammatoires au niveau du site de la piqure par le phlébotome infecté. Elles débutent par une papule inflammatoire qui va se développer en nodules qui s'ulcèrent et se recouvrent d'une croûte, sans extension aux organes profonds ni aux muqueuses. Cliniquement, la leishmaniose cutanée se caractérise par un grand polymorphisme clinique lié à la variabilité des espèces de leishmanie, l'état immunitaire de l'hôte et la relation hôte-parasite. Toutes les espèces de leishmanie y compris les espèces viscérotropes peuvent être responsables de manifestations cutanées (Dedet 2001b).

### III. 1. La leishmaniose cutanée anthroponotique à *L. tropica*

Elle est classiquement décrite comme une forme sèche, de petite taille, unique au niveau du visage dans les foyers d'endémicité. Sa période d'incubation varie de 20 jours à 8 mois et peut atteindre 2 ans.

Pendant sa phase d'invasion, les lésions sont uniques ou multiples et siègent au point d'inoculation. La lésion débute par une tâche rouge, devenant vite une papule qui persiste, s'accroit, se recouvre de fines squames et repose sur une base infiltrée. Elle s'entoure d'une auréole rouge mais demeure indolore, parfois prurigineuse.

La période d'état se caractérise par une peau qui s'ulcère au centre de la papule. Un liquide jaunâtre s'écoule et devient une croûte. Cette croûte s'épaissit, adhère à l'ulcération sous-jacente qu'elle recouvre, et la lésion s'agrandit. Sous la croûte, on découvre un cratère peu profond, à bords taillés à pic, à fond suintant, papillomateux, rouge, reposant sur l'induration qui en forme la base. Il est rare que cette lésion s'accompagne d'adénopathies satellites. Cependant, des formes ulcèro-croûteuses, ulcèro-nodulaires, inflammatoires et même diffuses ont été observées (Dedet *et al.*, 2001b).

En l'absence de traitement, les lésions inflammatoires sont souvent surinfectées et guérissent très lentement (en 8 à 12 mois), laissant ainsi une cicatrice atrophique indélébile plus ou moins marquée, glabre, dépigmentée, ressemblant aux traces de la vaccination antivariolique (Agoumi 2003).

## III. 2. La leishmaniose cutanée à *L. major*

Elle se distingue par une évolution rapide, la multiplicité, la grande taille et le caractère plus creusant et plus inflammatoire des lésions. Sa période d'incubation est nettement plus courte, en moyenne 10 à 45 jours et dépasse rarement 4 mois (Paniker 2013). De même, sa période d'invasion est brève, n'excédant pas une semaine, elle correspond à la phase de la papule non ulcérée.

Sa phase d'état commence par l'ulcération de la lésion primaire. Cette ulcération indolore, s'agrandit rapidement pour atteindre un diamètre de 2 à 8cm. Parfois, il se forme un cratère entouré d'un bourrelet périphérique infiltré. L'ulcération repose sur une base indurée qui n'adhère pas au plan profond. Dans un autre cas, la lésion prend un aspect fungiforme et se surélève. Souvent, il existe une réaction lymphangitique avec des adénopathies dont la taille varie de celle d'un pois à celle d'une noisette.

En dehors du traitement, l'évolution est chronique, aboutissant à la guérison spontanée en 3 à 5 mois, au prix d'une grandes cicatrices défigurantes ou invalidantes et inesthétique particulièrement au niveau du visage (Agoumi 2003 ; Paniker 2013).

## III. 3. La leishmaniose cutanée à *L. infantum*

La leishmaniose cutanée causée par *L. infantum* généralement bénigne et souvent auto-guérison. C'est une lésion sèche ulcéro-croûteuse, le tableau clinique est semblable à celui de *L. major.* Contrairement à la variante viscérale, la réponse immunitaire de type cellulaire rapide qui se produit autour de la place des piqûres de phlébotomes. Seulement une lésion cutanée localisée prend naissance. Les lymphocytes, les cellules plasmatiques et les macrophages interviennent pour créer une barrière autour des cellules infectées.

La leishmaniose cutanée à *L. infantum* des cas recensé au Maroc, est caractérisée par lésions uniques, ulcéro-croûteuses ou lipoïdes, évoluant pendant au moins deux ans (Rioux, 1996).

## III. 4. La Leishmaniose viscérale à *L. Infantum*

La leishmaniose viscérale est la forme la plus sévère causée par *L. infantum.* Les symptômes sont dominés notamment par une fièvre irrégulière et prolongée, une splénomégalie et une anémie, et leur intensité reflète une multiplication importante des parasites dans certains organes hématopoïétiques (OMS, 2010). D'autres modifications sont bien décrites comme la granulocytopénie, thrombocytopénie, hypoalbuminémie et l'anémie (OMS, 2010). Le temps d'incubation moyenne est de 3 à 6 mois. Mais des durées d'incubation de 1 à 3 ans sont également rapportées. Durant les périodes d'invasion et d'état, la leishmaniose viscérale se manifeste principalement par la triade: fièvre prolongée irrégulière, anémie et splénomégalie qui est un signe précoce et fréquent.

Avec le temps, le tableau clinique peut se compliquer de signes d'atteinte digestive, pulmonaire et de troubles hémorragiques. Chez certains sujets, l'infection leishmanienne demeure asymptomatique dans les zones endémiques de LV ou au cours d'épisodes épidémiques (Minodier *et al.* 1999)

# PROGRAMME DE LUTTE CONTRE LES LEISHMANIOSES AU MAROC

---

Pour lutter contre les leishmanioses, l'OMS recommande le diagnostic précoce et traitement immédiat des cas ; puis l'installation des mesures spécifiques pour la lutte anti-vectorielle et contre les réservoirs.

En se basant sur ces recommandations, le programme national de lutte contre les leishmanioses est lancé en 1997 après une période relativement longue de recherches éco-épidémiologiques (Rioux 2001). Ces investigations épidémiologiques, avec la déclaration obligatoire de la maladie (Arrêté ministériel N° 683-95 du 31 mars 1995), ont permis de cerner la problématique des leishmanioses au Maroc et de standardiser les techniques nécessaires à la gestion d'un programme de lutte (MS 1997, 2010).

Actuellement, le programme national de lutte contre les leishmanioses, qui fait partie d'un grand programme de lutte contre les maladies parasitaires au Maroc (Paludisme, leishmanioses, Belharziose et Kyste hydatique), a deux objectifs principaux (Fiche Technique du Programme) :

- Arrêter la transmission des leishmanioses au niveau de tous les foyers actifs ;
- Eviter l'extension des leishmanioses à d'autres zones à risque.

A la lumière des recommandations de l'OMS, la stratégie de lutte se base sur les activités suivantes (MS 1997, 2010) :

- Dépistage et traitement des malades ;
- Surveillance et Lutte contre le vecteur ;
- Surveillance et Lutte contre le réservoir ;
- Information et sensibilisation des populations et ONG locales ;
- Collaboration intersectorielle.

Depuis 1997, un effort considérable est déployé notamment pour la formation du personnel et l'installation des laboratoires de diagnostic et les dotations en médicaments et réactifs nécessaires au niveau provincial. D'autre part, la sensibilisation de la population et les ONG au niveau local, avec l'implication des départements concernés (Collectivités locales pour l'assainissement et l'hygiène du milieu et Ministère de l'Agriculture pour la lutte contre les réservoirs), sont parmi les réalisations de ce programme.

Afin d'adapter les actions de lutte à la nouvelle situation épidémiologique, le Programme National de Lutte contre les Leishmanioses a lancé un processus de redynamisation de la stratégie de lutte. Il s'agit de mettre en œuvre un plan d'action de riposte ciblant les foyers actifs de la leishmaniose cutanée à *L. major* et *L. tropica*. Le plan d'action 2010-2012 n'ayant pas donné les effets escomptés, il est renforcé par un autre plan riposte 2013-2016 qui est en cours d'évaluation.

Après plus de 20 ans d'activités de lutte, les leishmanioses au Maroc constituent toujours un problème majeur de santé publique, les chiffres enregistrés et déclarés par les services de la santé nationale en témoignent (MS 2015a).

## ANALYSE DE LA SITUATION ACTUELLE

L'étude épidémiologique d'une maladie infectieuse passe obligatoirement à travers l'étude minutieuse des différents maillons de sa chaine de transmission ; à savoir l'agent causal, le vecteur, l'hôte réceptif et le réservoir. Nous avons adopté le même principe pour étudier les leishmanioses au Maroc. En se basant sur nos précédents résultats (Boussaa 2008), nous avons approfondies nos connaissances par rapport à ces parasitoses en se focalisant sur l'étude des vecteurs et des réservoirs.

### I. Vecteurs des leishmanioses au Maroc

#### I.1. Actualisation des données entomologiques

Soucieux de la situation épidémiologique des leishmanioses, le Maroc s'est engagé, depuis les années 70s, dans une série de coopérations (OMS, France, Espagne, Italie...) afin d'expérimenter de nouvelles stratégies de surveillance et de prévention contre ces parasitoses (Rioux 2001).

Parmi les résultats de ces collaborations, l'établissement de l'inventaire des phlébotomes du Maroc. Ainsi, la liste des phlébotomes du Maroc, publiée par le Ministère de la santé (MS 1997), contient 22 espèces, réparties en 13 espèces du genre *Phlebotomus* et 09 espèces du genre *Sergentomyia* (Tableau 1).

Depuis, le Maroc a connu beaucoup de changements biotiques (climatiques, édaphiques...) et abiotiques (urbanisation, migration, ...) qui pourraient affecter la présence, l'abondance et la répartition des espèces de phlébotomes. D'où la nécessité d'une actualisation les données entomologiques concernant les phlébotomes du Maroc.

**Tableau 1.** Liste des Phlébotomes du Maroc selon MS (1991 ; 2010)

| ***Genre Phlebotomus*** | | |
|---|---|---|
| **Sous genre *Phlebotomus*** | **SG/*Paraphlebotomus*** | **SG/*Larroussius*** |
| *Phlebotomus papatasi* Scopoli, 1786<br><br>*P. bergeroti* Parrot, 1934 | *P. sergenti* Parrot, 1917<br>*P. alexandri* Sinton, 1928<br>*P. chabaudi* Croset, Abonnenc et Rioux, 1970<br>*P. kazeruni* Theodor et Mesghali, 1964 | *P. ariasi* Tonnoir, 1921<br>*P. perniciosus* Newstead, 1911<br>*P. longicuspis* Nitzulescu, 1911<br>*P. chadlii* Rioux, Juminer et Gibily 1966<br>*P. langeroni* Nitzulescu, 1930<br>*P. perfiliewi* Parrot, 1930<br>*P. mariae* Rioux, Croset, Léger et BaillyChoumara 1974 |

| **Genre *Sergentomyia*** | | | |
|---|---|---|---|
| ***SG/ Sergentomyia*** | ***SG/ Parrotomyia*** | ***SG/ Sintonius*** | ***SG/Grassomyia*** |
| *Sergentomyia minuta* Adler et Theodor, 1927<br>*S. fallax* Parrot, 1921<br>*S. antennata* Newstead, 1912<br>*S. schwetzi* Adler, Theodor et Parrot, 1929 | *S. africana* Newstead, 1912<br>*S. lewisi* Parrot, 1948 | *S. christophersi* Sinton, 1927<br>*S. clydei* Sinton, 1928 | *S. dreyfussi* Parrot, 1933 |

Pour ce, trois transects, reliant le Nord au Sud marocain (Ouarzazat-M'Hamid ; Foum Zguid-Marrakesh ; Erfoud-Nador), ont été réalisés par notre équipe entre 2010 et 2012, durant lesquels un total de 7 140 specimens est collecté (Ouanaimi *et al.* 2015).

Durant ces investigations, neuf espèces du genre *Phlebotomus* et cinq autres du genre *Sergentomyia* ont été identifiées : *P. papatasi* (27.6%), *P. longicuspis* (19%), *P. sergenti* (18.2%), *S. minuta* (10.4%), *S. fallax* (8.1%), *P.*

*perniciosus* (6.2%), *P. bergeroti* (2.9%), *S. dreyfussi* (2.1%), *S. christophersi* (1.7%), *P. alexandri* (1.4%), *P. chadlii* (0.8%), *P. chabaudi* (0.5%), *P. ariasi* (0.5%) et *S. africana* (0.5%).

Environ 60% des phlébotomes du Maroc ont été collectés durant ces investigations entomologiques, repartis en 9/13 espèces du genre *Phlebotomus* et 5/9 espèces du genre *Sergentomyia.* Nous avons noté l'absence de quatre espèces du genre *Phlebotomus* (à savoir *P. langeroni, P. perfiliewi, P. mariae, P. kazeruni*) et quatre des *Sergentomyia* (*S. antennata, S. schwetzi, S. lewisi, S. clydei*) durant la présente investigation entomologique. Par contre, aucune nouvelle espèce n'est identifiée.

Ces résultats sont d'un grand intérêt quant à l'établissement de la liste des phlébotomes dans les zones prospectées durant la période d'étude. Néanmoins, **comme perspectives**, d'autres investigations sont nécessaires pour confirmer la disparition et/ou l'apparition des espèces de phlébotomes au Maroc.

## I.2. Identification et caractérisation des gites larvaires des phlébotomes

Divers facteurs sont susceptibles d'agir sur la distribution, le développement et la densité des populations de vecteurs, et par conséquent sur la distribution de la maladie, à savoir la température, les précipitations, les barrières physiques, l'habitat et la présence de l'hôte vertébré (Young & Arias, 1992). L'étude de ces facteurs dans le milieu naturel est d'une grande valeur écologique et épidémiologique du fait qu'ils constituent les facteurs de risque spatiaux pour les leishmanioses. Leur bonne connaissance permettrait d'orienter les programmes de lutte anti-vectorielle et aussi de localiser les zones à risque pour un rôle prévisionnel.

L'identification et la caractérisation des gites larvaires est un axe de recherche original que nous avons entamé en 2008 (Boussaa 2008).

Convaincus par son importance, nous tenons toujours à le développer. L'étude de l'habitat des formes pré-imaginales des phlébotomes pourra donner des informations concernant le cycle de vie, la dynamique des populations et la composition physico-chimique des lieux de ponte. Actuellement, des informations sur le gîte larvaire sont disponibles pour 15 sur un total de 29 espèces répertoriées dans l'Ancien Monde, et pour 12 sur 44 espèces inventoriées dans le Nouveau Monde, ce qui ne représente qu'environ 3% des espèces de phlébotomes connues (Feliciangeli, 2004).

Dans la région de Marrakech, nous avons pu identifier les gites larvaires de *P. sergenti*, *S. minuta* et *S. fallax* en se basant sur la forme non tordue du génitalia mâle (Boussaa et Boumezzough 2014). En Israël, les auteurs ont déterminé le gîte larvaire de *P. sergenti* en se basant également sur la forme du génitalia mâle (Moncaz *et al.* 2012).

La composition physico-chimique du sol a un effet important sur la distribution des espèces de phlébotomes (Lewis 1971). La caractérisation du substrat au niveau de nos gîtes larvaires, nous a renseignés sur les exigences écologiques, concernant la teneur en eau, en matière organique et la texture de substrat, pour le développement larvaire de chacune des trois espèces (Boussaa et Boumezzough 2014).

Une étude approfondie du substrat, au niveau des potentiels gîtes larvaires, avec un suivi des variations annuelles de ses éléments est nécessaire afin d'en déterminer les exigences écologiques pour le développement larvaire de chaque espèce de phlébotome.

## *I.3. Répartition géographique des phlébotomes au Maroc*

La distribution géographique des phlébotomes vecteurs conditionne la propagation des leishmanioses sur le territoire marocain. Par conséquent, l'étude des facteurs, qui affectent la répartition géographique des vecteurs, est nécessaire pour établir la carte de foyers potentiels et des zones à risque (Kitron 1998 ; Beck *et al.* 2000).

Dans cette optique, nous avons étudié les préférences écologiques des cinq vecteurs connus au Maroc : *P. papatasi, P. sergenti, P. ariasi, P. perniciosus* et *P. longicuspis,* selon trois variables : l'Altitude, le Bioclimat et le Sol (Kahime *et al.* 2015b). Ces trois variables renferment chacune un ensemble de facteurs écologiques susceptibles d'agir directement sur l'abondance et la répartition des populations des vecteurs. Ainsi, l'altitude agit à travers son gradient altitudinal de température, de vent et de pression atmosphérique ; le bioclimat regroupe un ensemble de facteurs écologiques tel que la température, la pluviosité et la luminosité, et en fin, le sol qui peut agir en fonction de sa texture, sa structure et/ou sa composition chimique.

Les résultats nous ont permis de distinguer deux groupes d'espèces selon les biotopes :

- *P. ariasi* et *P. perniciosus* : qui préfèrent les hautes altitudes (1100-1200m) avec un climat humide à sub-humide et dans un sol de texture strictement sableuse.
- *P. papatasi, P. sergenti* et *P. longicuspis* : qui préfèrent les moyennes altitudes (800-1000) dans un climat semi-aride à saharien et un sol de texture sablo-lumineuse.

Ces résultats sont d'un grand intérêt quant à la détermination de la limite supérieure et à la caractérisation des biotopes de chacune de ces espèces. Néanmoins, et **comme perspective**, d'autres études sont nécessaires pour déterminer le facteur écologique déterminant et son intervalle de tolérance, ainsi que la valence écologique de chaque espèce vectrice.

## *I.4. Les phlébotomes et la leishmaniose cutanée au Maroc*

La leishmaniose cutanée est la forme la plus répondue au Maroc. Deux agents infectieux se partagent la responsabilité de la majorité des cas autochtones. *L. major* est responsable de la forme zoonotique alors que *L. tropica* est responsable de la forme anthropnotique de la maladie (Rhajaoui 2011 ; Kahime *et al.* 2014). *L. major* et *L. tropica* sont transmis, respectivement, par *P. papatasi* et *P. sergenti*. Ces deux vecteurs prouvés sont les espèces les plus abondantes et ubiquistes au Maroc (Boussaa 2008).

Afin d'identifier le(s) facteur(s) écologique(s) qui détermine la répartition de ces deux vecteurs au Maroc, les densités (nombre de spécimens par $m^2$ de papier huilé) des mâles et des femelles de *P. papatasi* et *P. sergenti* ont été analysées en fonction de 19 variables regroupant des facteurs climatiques, des facteurs édaphiques et la couverture végétale (Boussaa *et al.* 2016).

Les résultats montrent que la répartition des deux espèces *P. papatasi* et *P. sergenti* est affectée négativement par l'aridité du milieu. *P. papatasi* semble être le plus influencé par les changements de température puisque la densité de ses deux sexes a montré une forte corrélation positive avec la température minimale nocturne. Quant au *P. sergenti*, ses densités ont été surtout affectées positivement par les changements de végétation, représentés par l''indice différentiel normalisé de végétation NDVI (Normalized Difference Vegetation Index). Concernant les facteurs édaphiques, seules les densités de *P. papatasi* ont montré une forte corrélation négative avec le pH du sol et sa teneur en eau.

En conclusion, nous soulignons le rôle de la température minimale et la végétation dans la détermination de la répartition et l'abondance de *P. papatasi* et *P. sergenti*. En se basant sur ces deux facteurs écologiques, on peut estimer les limites géographiques de ces deux espèces au Maroc et par conséquent celles de la leishmaniose cutanée.

Ces données ouvrent des **perspectives** pour l'utilisation des techniques de modélisation des niches écologiques ENM (Ecological Niche Modeling) afin de prédire les zones à risques pour les deux formes dominantes de la leishmaniose cutanée au Maroc et par conséquent anticiper la surveillance épidémiologique.

## I.5. Les phlébotomes et la leishmaniose viscérale au Maroc

Au Maroc, la leishmaniose viscérale est présente sur l'ensemble du territoire marocain ; bien concentrée dans le nord sous forme de foyers endémiques avec des cas sporadiques dans le sud (MS 2010). L'agent causal est *L. infantum* MON-1 dont le chien est le réservoir alors que trois espèces au moins, appartenant au sous genre *Larroussius*, se partagent la responsabilité de la transmission : *P. ariasi*, *P. perniciosus* et *P. longicuspis* (Rioux *et al.* 1997 ; Dereure *et al.* 1986). Au Maroc, le rôle vecteur de *P. ariasi* a été prouvé à Taounate (Hamdani, 1999) et celui de *P. longicuspis* a été démontré à Sefrou (Es-Sette *et al.* 2014) alors que celui de *P. perniciosus* reste à démontrer.

En outre, les populations marocaines de *P. perniciosus* et *P. longicuspis* montrent une diversité génétique considérable d'où la création d'un complexe d'espèces. Le complexe *P. perniciosus* renferme deux formes de *P. perniciosus* (PN et PNA) ; *P. longicuspis sensu stricto* (LCss) et une espèce jumelle (LCx) de *P. longicuspis* (Pesson *et al.* 2004 ; Boussaa *et al.* 2008).

Nous avons étudié l'écologie du complexe *P. perniciosus* au Maroc avec l'objectif de définir la répartition géographique de ses espèces et par conséquent leurs implications épidémiologiques potentielles (Zarrouk *et al.* 2015). Les résultats nous ont permis de déterminer les limites géographiques de chaque espèce et forme du complexe *P. perniciosus* au Maroc. Ainsi, la forme typique (PN dont les mâles présentant des valves bifurquées) de *P. perniciosus* se limite au Nord du pays tandis que la forme atypique (PNA dont les mâles présentant des valves à pointe unique et courbée) de la même espèce est largement répondue du nord au sud du Maroc. Concernant *P. longicuspis sensu lato* (LCx+LCss), LCx (le nombre de soies sur la coxite est inférieur ou égal à 21) se limite au nord et au centre du pays alors que LCss (nombre de soies sur la coxite est supérieur à 21) est plus répondu dans le sud marocain (Zarrouk *et al.* 2015).

Le rôle vectoriel est estimé à travers la corrélation entre l'abondance des espèces du complexe *P. perniciosus* et le nombre de cas de leishmaniose viscérale. Ainsi, la distribution géographique de LCx, PN et LCss est en corrélation positive avec la répartition des cas autochtones enregistrés et déclarés par les services du Ministère de la Santé. Par contre, PNA en montre une corrélation négative.

Ces résultats constituent une orientation vers l'implication épidémiologique de ces deux espèces (*P. perniciosus* et *P. longicusois*), avec *P. ariasi,* dans la transmission de *L. infantum* au Maroc. Ces conclusions ont été confirmées récemment par l'isolement de *L. infantum* de *P. longicuspis sl* dans la région de Sefrou (Es-Sette *et al.* 2014).

## II. Réservoirs des leishmanioses au Maroc

### II.1. Réservoir canin

Le chien, réservoir habituel de *L. infantum* constitue un excellent indicateur géographique des foyers de la leishmaniose viscérale humaine. Le dépistage de la leishmaniose viscérale canine permet de localiser les foyers d'infection et d'en estimer le niveau d'activité. Les chiens symptomatiques et asymptomatiques constituent une source d'infestation pour l'insecte vecteur comme pour l'Homme (Molina *et al.* 1994).

Au Maroc, l'enzootie à la leishmaniose canine atteint la fréquence de 32,5% dans le Rif alors qu'elle n'est plus que de 3,1% dans le Haut-Atlas (Rioux *et al.* 1997) et devient sporadique dans l'Anti-Atlas (Dereure *et al.* 1986). La leishmaniose canine est largement répandue dans la partie Nord du Maroc avec une prévalence qui peut atteindre 41% (Nejjar *et al.* 2000 ; Natami *et al.* 2000 ; Rami *et al.* 2003). Deux zymodèmes MON-1 et MON-24 ont été identifiés et les souches de *L. infantum* sont très virulentes (Najjar *et al.* 2000 ; Haralambous *et al.* 2007).

Dans le sud du Maroc, *L. infantum* est une forme sporadique (MS 2010 ; 2015a). Dereure *et al.* (1986) a signalé la présence d'un cycle autochtone de la leishmaniose canine à *L. infantum* MON-1 dans les zones présahariennes. Depuis, aucune investigation n'est menée dans le centre et le sud marocain pour y confirmer la situation épidémiologique de *L. infantum*. Suite de quoi, nous avons examiné un total de 243 chiens dans le Haut et Moyen Atlas, le Sud ouest et le centre marocain (Boussaa *et al.* 2014).

Dans notre échantillon, plus de 74 % des chiens examinés sont des mâles et plus de 50% sont des chiens errants sans aucun contrôle vétérinaire. Concernant les signes cliniques, 19,8% présentent des signes classiques de la leishmaniose canine alors que 86,2% est le pourcentage des chiens asymptomatiques, porteurs sains, qui constituent avec les autres une grande source d'infestation pour la population humaine locale (Boussaa *et al.* 2014).

Les résultats sérologiques montrent la présence de la leishmaniose canine à *L. infantum* avec une séroprévalence relativement très élevée : 81.8% par ELISA et 87.8% par Western Blot (Boussaa *et al.* 2014). Ces résultats peuvent être expliqués par la dominance des chiens errants dans notre échantillon contrairement aux études menées dans le nord du Maroc (Natami *et al.* 2000 ; Rami *et al.* 2003) et dans les autres pays du bassin méditerranéen (Dedet *et al.* 1973 ; Mansueto *et al.* 1982 ; Amusategui *et al.* 2004).

Dans la zone d'étude, la prévalence élevée de la leishmaniose canine (à *L. infantum*) contre la rareté des cas humains de la leishmaniose viscérale (à *L. infantum*), est une question de recherche qui nécessite plus d'investigations épidémiologiques dans les zones considérées indemnes de la *L. infantum*.

D'autre part, la présence de la leishmaniose canine à *L. tropica* dans le nord du Maroc, à Taounate (Guessous-Idrissi *et al.* 1997a) et à Al Hoceima (Lemrani *et al.* 2002) ; avec l'identification des chiens infestés par *L. tropica* (MON-102 and MON-113) dans le Haut Atlas (Dereure *et al.* 1991) ; suggèrent l'implication probable des chiens dans le cycle de transmission de *L. tropica* au Maroc.

## II.2. Réservoir rongeur

Au Maroc, les rongeurs sont connus comme des réservoirs de la leishmaniose cutanée zoonotique. Les principaux acteurs, du cycle local de la transmission de cette forme de la leishmaniose cutanée, ont pu être identifiés par l'isolement du parasite *L. major* MON-25 chez l'homme, chez le vecteur *P. papatasi* et chez le réservoir *Meriones shawi* (Rioux *et al.* 1982).

*M. shawi* reste la seule espèce des rongeurs dont le rôle réservoir est prouvé au Maroc malgré que la faune marocaine est très riche en espèces de rongeurs. En revanche, l'infestation naturelle de plusieurs espèces de rongeurs par le parasite *Leishmania* a été reportée dans le bassin méditerranéen : en Italie (Di Bella *et al.* 2003); en Grèce (Papadogiannakis 2010) ; en Portugal (Helhazar *et al.* 2013) et en Espagne (Navea-Pérez 2015).

Nous avons analysé la répartition géographique de six espèces de rongeurs (*Rattus norvegicus*, *Psammomys obesus*, *Mastomys erythrolecus*, *Meriones crassus*, *Meriones libycus* et *M. shawi*), potentiels réservoirs de *L. major*, par rapport à la densité de *P. papatasi* vecteur prouvé de *L. major* au Maroc (Echchakery *et al.* 2015a). Seules les répartitions des espèces *P. obesus, M. crassus* et *M. libycus* correspondent à celle de la leishmaniose cutanée à *L. major* au Maroc ; suggérant ainsi la potentielle implication de ces espèces, à coté de *M. shawi*, dans la transmission de *L. major* au Maroc. Parmi les 6 genres et les 17 espèces de rongeurs qui habitent les régions arides de l'Afrique du Nord, ces trois espèces, avec le *M. shawi*, ont un rôle important dans l'épidémiologie de la leishmaniose cutanée à *L. major. M. libycus* en Arabie saoudite, Iran, Jordanie, Libye, Tunisie et Ouzbékistan (Dejeux 1991). *M. crassus* en Egypte et en Israël (Peters *et al.* 1981) et *Psammomys obesus* en Algérie (Belazzoug 1983).

En revanche, et en se basant sur la répartition géographique de *R. norvegicus* au Maroc, nous avons conclu sa probable implication dans la transmission de *L. infantum* (Echchakery *et al.* 2015a). Récemment, Echchakery *et al.* (2016a) ont signalé une infestation naturelle de *R. norvegicus* par *L. infantum* dans le centre marocain, foyer endémique de *L. tropica.*

Dans la même région du centre marocain (Al Haouz, Chichaoua, Essaouira et Marrakech), une première étude est menée avec l'objectif d'identifier le peuplement des rongeurs de la région, d'étudier l'activité biologique de ses espèces et d'analyser les résultats en termes de risque leishmanien (Echchakery *et al.* 2016b). Ainsi, onze espèces de rongeurs ont été identifiées : sept espèces de la famille des Muridae (*Apodemus sylvaticus, Mus musculus, M. spretus, Rattus rattus*, *R. norvegicus*, *Lemniscomys barbarus, Mastomys erythroleucus*) ; trois espèces de la famille des Gerbillidae (*Meriones shawi*, *M. libycus*, *Gerbillus campestris*) et une espèce de la famille des Sciuridae (*Atlantoxerus getulus*). L'analyse des activités des potentiels réservoirs de *L. major* collectés nous a permis d'identifier la période Avril-Aout comme période à haut risque de transmission de la leishmaniose cutanée à *L. major* au Maroc.

Vu la richesse spécifique et l'omniprésence des rongeurs au Maroc, le rôle épidémiologique de ces derniers n'est certainement pas totalement élucidé. Ainsi, l'identification des espèces de rongeurs, réservoirs des leishmanies doit faire l'objet des investigations épidémiologiques dans l'ensemble des foyers de leishmaniose au Maroc.

## II.3. Réservoir humain

Pour les leishmanioses, la population à risque est rarement étudiée au Maroc. La majorité des études épidémiologiques caractérise la population à risque selon l'âge et sexe (Arroub *et al.* 2012 ; Kahime *et al.* 2016). Or, afin de contribuer à l'élaboration d'un plan efficace de lutte contre ces parasitoses, il faut mesurer la distribution, selon le temps, l'espace et la personne, des différentes formes de leishmaniose et déterminer avec précision les facteurs de risques et de protection liés à chaque entité clinique.

Dans cette optique, nous avons mené des enquêtes épidémiologiques de type cas-témoin (Di Lorenzo *et al.* 2006 ; Solomon *et al.* 2014 ; Nackers *et al.* 2015), appliquées pour la première fois au Maroc pour étudier les leishmanioses. Ces enquêtes rétrospectives ont été réalisées au sein des anciens foyers des trois formes de leishmaniose au Maroc, dans le nord pour la forme viscérale à *L. infantum ;* dans le centre marocain pour la forme cutanée à *L. tropica* et dans le sud-est marocain pour la forme cutanée à *L. major.*

L'entretien semi-structuré est utilisé comme outils de collecte des données auprès de la population locale après un consentement verbal. Un guide de l'entretien est élaboré et standardisé à l'avance pour orienter et structurer nos entretiens, durant lesquels les données sont enregistrées par écrit et par enregistrement vocal. Pour cette étude, l'ensemble des considérations éthiques ont été respectées à savoir le droit à l'auto détermination, à l'intimité, à l'anonymat et à la confidentialité et à la protection contre l'inconfort et le préjudice (Nuermberg 1947).

Les données collectées relatives aux vingt variables ont été regroupées en facteurs intrinsèques (âge, sexe, hygiène, nutrition...) et extrinsèques (habitat, environnement immédiat…) ; puis énumérées et analysées pour chaque foyer pour élaborer la liste des déterminants (facteurs de risque et facteurs de protection) de chaque entité clinique de leishmaniose au Maroc.

Les résultats préliminaires nous ont permis de déterminer la perception de la maladie chez la population locale et de distinguer treize facteurs de risques contre sept facteurs de protection au total (Souhmi *et al.* 2015 ; 2016). L'étude de la fréquence de l'exposition chez les malades et les non malades pour les trois entités cliniques, nous a permis de distinguer les déterminants selon la forme de leishmaniose.

En fin une tendance séculaire dans la définition de la population à risque des leishmanioses au Maroc est notée durant ces enquêtes. Ce qui doit nous inciter à prendre en considération l'ensemble des changements que connait la société marocaine pour déterminer l'importance de certains facteurs dans la survenue et la persistance de la maladie chez une population.

## III. Co-infection VIH-*Leishmania*

### III. 1. VIH au Maroc

Au Maroc, la prévalence du VIH a augmenté de façon alarmante du début des années 1986 aux années 2000. Selon les dernières estimations, le nombre de personnes vivant avec le VIH est estimé pour l'année 2014 à 32.000 alors que le nombre total cumulatif de cas VIH/sida notifiés depuis le début de l'épidémie en 1986 atteint les 10 017 (MS, 2015b). La dynamique focale du VIH/sida se maintient avec une nette concentration de l'épidémie dans trois régions qui développent, à elles seules, un peu plus de la moitié des cas notifiés dans tout le pays soit 56%, avec 24% dans la région de Sous-Massa, 18% dans la région de Marrakech-Safi et 14% dans la région du Grand Casablanca (Figure 3). 70% des personnes vivant avec le VIH se retrouvent en milieu urbain.

La modélisation de l'incidence du VIH au Maroc montre que 70% des nouvelles infections surviendraient chez les personnes les plus exposées au risque de l'infection VIH ou parmi leurs partenaires sexuels stables. La majorité des femmes contaminées, soit 73%, le devraient à l'infection du conjoint. La contamination de l'homme est dans 92% des cas liée au comportement à haut risque (MS, 2015b).

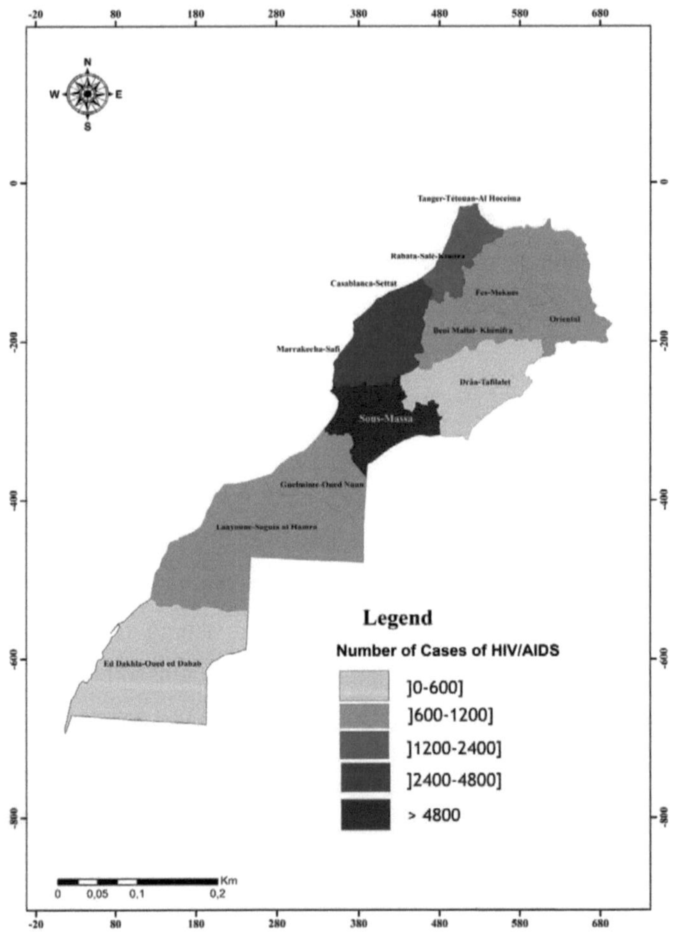


**Figure 3**. Prévalence de VIH/SIDA au Maroc selon les régions d'après les données de MS (2015b)

Au cours de cette période 2009-2014, la proportion des jeunes adultes (25 et 44 ans) infectés par le VIH notifiés est de 65%. Les femmes sont atteintes à un âge plus jeune que les hommes et la dernière tendance en terme de proportion des cas de VIH/SIDA notifiés dans la population générale est à l'égalité entre les deux sexes, celle-ci est de 50% pour les femmes.

## III. 2. VIH/SIDA-*Leishmania* au Maroc

Au Maroc, malgré l'augmentation des cas de la LV chez les adultes, elle est considérée toujours comme étant une maladie infantile (Amro *et al.* 2013). En effet les adultes sont infectés probablement en raison des facteurs associés: mal nutritions, immunosuppression à VIH. Les formes cliniques de la LC et LV chez les patients VIH positifs sont caractérisées par leur difficulté à la fois diagnostique et thérapeutique.

Sachant que la co-infection VIH-*Leishmania* est née de la superposition géographique des deux infections, la région Marrakech-Safi constitue une zone d'étude pertinente, vu sa situation épidémiologique caractérisée par la coexistence d'au moins deux espèces de *Leishmania* avec le VIH. La leishmaniose cutanée à *L. tropica* est endémique dans la région de Marrakech-Safi avec trois foyers actifs : Chichaoua (Guernaoui *et al.* 2005; Rhajaoui *et al.* 2012), Al Haouz (Ramaoui *et al.* 2008, Boussaa *et al.* 2009) et Essaouira (Ajaoudi *et al.* 2013). Des cas sporadiques de *L. infantum*, sous forme de leishmaniose viscérale humaine et leishmaniose canine, sont également présents dans la même région (Boussaa *et al.* 2014 ; Kahime *et al.* 2015). Quant à l'infection de VIH, la région Marrakech-Safi vient en deuxième position, après la région de Souss-Massa, avec 18% des porteurs de VIH déclarés et enregistrés au Maroc (Figure 3).

La leishmaniose viscérale est la forme la plus fréquemment associée au VIH, alors que la co-infection leishmaniose cutanée-VIH est beaucoup moins fréquente (OMS 1990). Au Maroc, un cas de co-infection leishmaniose cutanée-VIH est notifié récemment dans la région de Souss Massa Deraa (Ouadi *et al.* 2016), région endémique de *L. major.*

L'analyse de la distribution géographique des deux infections dans la région Marrakech-Safi nous a permis de cerner les zones à haut risque de co-infection VIH-*Leishmania spp.* Ainsi, ce risque est détecté dans presque toute la région avec Marrakech et Essaouira comme zones à haut risque (Daoudi *et al.* 2016).

Selon l'OMS (2013), le VIH augmente considérablement le risque de la leishmaniose viscérale, forme qui devient de plus en plus présente dans le centre du Maroc, zone connue jusqu'à maintenant indemne de leishmaniose viscérale. Encore plus, Echchakery *et al.* (2015b) ont noté récemment la présence de premier cas autochtone de co-infection *L. infantum*-VIH dans la région Marrakech-Safi.

Selon l'OMS, la leishmaniose viscérale se décline en trois classes :

a) la leishmaniose viscérale de l'enfant qui est la plus fréquente ;
b) la leishmaniose viscérale de l'adulte dont le début est brutal avec une évolution plus grave ;
c) la leishmaniose viscérale de l'immunodéprimé dont la symptomatologie est grave et parfois trompeuse avec des signes digestifs plus fréquents.

Au Maroc la forme viscérale de leishmaniose est classiquement infantile et rurale mais devient récemment plus adulte et urbaine probablement à cause de la propagation du VIH.

## SYNTHESE GENERALE

Les maladies infectieuses sont classées, selon l'OMS (2003), en trois catégories:

1. Groupe du SIDA, Tuberculose et Paludisme responsable d'un grand nombre de décès à travers le monde ;
2. Groupe qui comprend des maladies émergentes ou potentiellement épidémiques qui éclatent en épidémies et ont des effets dévastateurs (Ebola, Zika..);
3. Groupe des maladies négligées.

Ce dernier groupe de maladies touche particulièrement les personnes les plus pauvres qui vivent en milieu rural ainsi que dans les zones périurbaines, et qui sont souvent faiblement éduquées avec des problèmes d'accès à l'eau potable, d'hygiène et d'assainissement. Les Maladies Tropicales Négligées (NTD : Neglected Tropical Diseases) font partie de ce dernier groupe. Elles sont des maladies transmissibles très répandues dans les régions tropicales. Elles sont dites négligées en vue qu'elles n'ont pas eu assez d'intérêt de la part des décideurs, de la communauté internationale, de l'industrie pharmaceutique et même de la communauté des chercheurs. Presque la moitié des maladies Tropicales Négligées recensées dans la région de l'Afrique du Nord et de la Méditerranée Orientale sont connues au Maroc depuis plusieurs années quoi que ce dernier ne soit pas situé en zone tropicale (Azzouzi 2009).

Sur le plan mondial, l'OMS a recensé 20 Maladies Tropicales Négligées, classées en trois catégories :

- Dracunculose, Lèpre, Filariose lymphatique et Trachome : Maladies pour lesquelles il existe des outils (médicaments, instruments de diagnostic, pesticides) de contrôle et des résolutions ont été prises par l'Assemblée mondiale de la santé ou les comités régionaux afin de les éradiquer ;

- Leishmaniose anthroponotique, Cysticercose, Echinococcose, Onchocercose, Rage, Schistosomiase, Helminthiases et Pian : Maladies pour lesquelles il existe des outils de contrôle en vue de réduire le fardeau de ces maladies sur les populations.
- Charbon, Brucellose, Ulcère de Buruli, Maladie de Chagas, Dengue, Trypanosomiase humaine africaine, Encéphalite japonaise, Leishmaniose : Maladies pour lesquelles on manque d'outils standards et efficaces pour les contrôler.

Les leishmanioses figurent parmi les maladies de la deuxième et la troisième catégorie. Ses différentes formes sévissent depuis plusieurs années au Maroc et font l'objet, depuis 1997, d'un programme de lutte dont le financement est régulièrement assuré.

Contrairement aux programmes de lutte contre le paludisme, la bilharziose, la lèpre et le trachome qui ont atteints les objectifs fixés par l'OMS, la lutte contre les zoonoses au Maroc, dont les leishmanioses, visent toujours des objectifs de contrôle (Azzouzi 2009).

La situation épidémiologique des leishmanioses au Maroc devient de plus en plus inquiétante, non seulement par rapport au nombre de cas enregistré mais aussi par rapport à son extension géographique vers des zones auparavant indemnes. A titre d'exemple, 2095 cas de la leishmaniose cutanée à *L. tropica*, 460 cas de la leishmaniose cutanée à *L. major* et 86 cas de la leishmaniose viscérale ont été enregistrés au Maroc en 2014 (Tableau 2). Pendant la même année (2014), deux nouveaux foyers de la leishmaniose cutanée ont été identifiés au Maroc (Tableau 2).

Dans le but de contrôler la transmission dans les foyers actifs des deux formes majeures de la leishmaniose cutanée, le Programme National de Lutte contre les Leishmanioses a lancé un processus de redynamisation de la stratégie de lutte qui vise à mettre en œuvre un plan d'action de riposte. Une recherche évaluative visant à analyser et comparer le processus de mise en œuvre de ce plan de riposte au niveau Provincial a conclu le quasi absence de la mise en œuvre des activités liées aux composantes de lutte contre le vecteur phlébotome dans les zones d'étude (Rhajaoui 2012).

**Tableau 2**. Situation épidémiologique des leishmanioses au Maroc en 2014 (OMS 2016).

| | VL | ACL | ZCL | MCL |
|---|---|---|---|---|
| Endemicity status: | Endemic | Endemic | Endemic | Non endemic |
| Number of new cases (incidence): | 86 | 2095 | 460 | N/A |
| Number of relapse cases: | 0 | 0 | 0 | N/A |
| Total number of cases: | 86 | 2095 | 460 | N/A |
| Imported cases (n, %): | 1 1% | 0 0% | 0 0% | No data |
| Gender distribution (% F): | 51% | 55% | 55% | N/A |
| Age group distribution (%, <5/5-14/>14): | (72/19/9) | (36/32/32) | (25/34/41) | N/A |
| Incidence rate (cases/10 000 population in endemic areas): | 0.91 | 6.16 | 3.88 | N/A |
| Number of endemic 2nd sub-national administrative level divisions (n): | 90 | 292 | 82 | N/A |
| Population at risk[1] (%, n/total): | 10% (3174300/ 33008000) | 10% (3400100/ 33008000) | 4% (1185200/ 33008000) | N/A |
| Was there any outbreak? | No | Yes | Yes | N/A |
| Number of new[2] foci: | 0 | 1 | 1 | N/A |

N/A = not applicable VL = visceral leishmaniasis ACL = anthroponotic cutaneous leishmaniasis ZCL = zoonotic cutaneous leishmaniasis MCL = mucocutaneous leishmaniasis

En effet, si les activités de dépistage et de traitement des cas humains sont opérationnelles au niveau des différentes zones d'endémie, la lutte contre le vecteur et le réservoir animal (le rongeur et le chien) reste limitée et insuffisante.

Les études que nous avons menées depuis 2000 ont été focalisées sur les vecteurs et les réservoirs des leishmanioses au Maroc. La synthèse de nos résultats pourra renforcer le programme national de lutte contre les leishmanioses, notamment la composante lutte contre les vecteurs et les réservoirs.

Les leishmanioses au Maroc constituent des entités nosogéographiques bien différenciées nécessitant des actions de lutte codifiées et adaptées à chacune d'elles. Dans cette optique, nous proposons l'adoption de plusieurs plans d'action dans le cadre du programme national de lutte contre les leishmanioses. Chaque plan d'action est destiné à une région et adapté à sa situation Eco-épidémiologique.

Concernant le vecteur, la composition spécifique des phlébotomes du nord est différente de celle du centre ou du sud marocain (Boussaa *et al.* 2010 ; Ouanaimi *et al.* 2015 ; Zarrouk *et al.* 2015), impliquant forcement de différentes stratégies de lutte anti-vectorielle.

Une intervention efficace doit cibler le vecteur pendant sa période d'activité, or nous avons trouvé que l'activité des phlébotomes est affectée par la latitude, l'altitude et même par l'orientation et le type de biotope. Ainsi, durant la même année, l'activité des espèces de sous genre *Larroussius* a présenté une évolution bimodale en moyenne altitude (800-900m) contre une évolution monomodale en altitude plus élevée (1100m) dans la région Marrakech-Safi (Kahime *et al.* 2015a). Dans le même sens, le suivi annuel de l'activité des phlébotomes dans différents biotopes de la même région nous a permis de tracer différentes courbes de saisonnalité en fonction des biotopes (Données non publiées).

Une intervention efficace doit également prendre en considération toute spécificité locale. Faraj *et al.* (2012) a démontré que la sensibilité de *P. papatasi* et *P. sergenti* aux insecticides (le moyen de lutte le plus utilisé par les services de la santé) n'est pas la même dans les différents foyers testés. Les auteurs ont conclu qu'au niveau des zones qui ont fait l'objet de pulvérisation intensif des insecticides dans le cadre de lutte contre le Paludisme, les phlébotomes commencent à développer une résistance contre ces insecticides.

Plusieurs auteurs ont souligné le rôle du climat dans la détermination de la répartition et l'abondance des espèces de Phlébotomes au Maroc (Rioux *et al.* 1997 ; Rispail *et al.* 2002 ; Bounoua *et al.* 2013). En se basant sur ces résultats, nous avons pu définir les préférences écologiques pour les espèces les plus dominantes au Maroc (Kahime *et al.* 2015b) et nous avons souligné le rôle de la température minimale et l'indice de la végétation comme facteurs limitant pour, respectivement, *P. papatasi* et *P. sergenti* au Maroc (Boussaa *et al.* 2016). L'analyse des données entomologique des phlébotomes, sur la période 1980-2015, en fonction des changements climatiques au Maroc (SNC 2009 ; Born *et al.* 2009), nous a permis de remarquer que les changements climatiques au Maroc sont en faveur de la pullulation et l'extension des vecteurs de leishmaniose (Boussaa 2016). Tous ces résultats sont de grand intérêt quant à la prise de décision et à l'élaboration des plans de lutte anti-vectorielle bien adapté au contexte local.

Concernant les réservoirs des leishmanioses au Maroc, c'est un axe qui n'est pas assez développé ni par les chercheurs ni par les décideurs. Les connaissances par rapport aux réservoirs au Maroc sont celles établies par Rioux *et al.* (1982) pour la leishmaniose zoonotique à *L. major,* par Pratlong *et al.* (1991) pour la leishmaniose cutanée à *L. tropica* et celles de Guessous-Idrissi *et al.* (1997b) pour la leishmaniose viscérale. Ces données concernent essentiellement les rongeurs (les *Gerbillidae*) et les canidés (*Canis familiaris*). Depuis, aucune actualisation de ces données n'est adaptée par le Ministère de la santé malgré l'isolement de *L. tropica* des chiens à plusieurs reprises (Derreure *et al.* 1991 ; Guessous-Idrissi *et al.* 1997a ; Lemrani *et al.* 2002) et des rongeurs plus récemment (Echchakery *et al.* 2016a). Cependant, la transmission zoonotique de *L. tropica* est reportée en Israel et en Egypt avec l'implication des rongeurs et des canidés (Jacobson *et al.* 2003 ; Shehata *et al.* 2009).

*M. shawi* reste la seule espèce des rongeurs dont le rôle réservoir de *L. major* est prouvé au Maroc malgré que la faune marocaine est très riche en espèces de rongeurs. D'autant plus, l'infestation naturelle, de plusieurs espèces de rongeurs par le parasite *L. major,* a été rapportée dans plusieurs régions. *M. libycus* en Arabie saoudite, Iran, Jordanie, Libye, Tunisie et Ouzbékistan (Dejeux 1991). *M. crassus* en Egypte et en Israël (Peters *et al.* 1981) et *Psammomys obesus* en Algérie (Belazzoug 1983).

L'étude de la répartition géographique de ces trois espèces de rongeurs au Maroc en fonction de la densité de vecteur de *L. major* (*P. papatasi*) montre formellement la possibilité de l'implication de ces espèces avec *M. shawi* dans la transmission de *L. major* au Maroc (Echchakery *et al.* 2015a).

En fin l'analyse de la répartition et l'abondance des populations de potentiel vecteur et réservoir en parallèle permettra d'actualiser la carte de distribution des trois parasites (*L. major, L. tropica et L. infantum*) au Maroc. Ce qui nécessite une collaboration étroite et responsable entre les services de santé et les départements concernés.

Concernant le réservoir humain, nous pensons que l'axe le plus urgent au Maroc est celui des co-infections *Leishmania*-VIH ; si on prend en considération le rôle épidémiologique que peut jouer les sidéens comme réservoirs anthroponotiques dans la dissémination de la leishmaniose et celui que peut jouer les leishmaniens dans la transmission du VIH.

Actuellement, l'approche de lutte contre les maladies infectieuses (exemple de VIH et leishmaniose) adoptée et préconisée par les différents intervenants dont l'OMS est une approche intégrée multi maladies intersectorielle centrée sur la population.

L'approche classique verticale axée sur la maladie n'a pas donné de satisfaction notamment pour les zoonoses. Azzouzi (2009) pense qu'une des approches possibles de positionnement et de développement des programmes de lutte contre les maladies infectieuses au Maroc est d'aborder ces maladies en tant qu'un ensemble unique de manière globale, cohérente et intégrée en mettant en exergue leur lien étroit avec la pauvreté et le milieu rural dans lequel elles évoluent. Dans cette optique, nous proposons de prendre en considération, et d'une manière rigoureuse, la co-infection *Leishmania*/VIH dans les deux programmes de lutte, contre les leishmanioses et le VIH avec l'instauration d'un cadre de synergie entre ces deux programmes dans les zones d'endémie pour plus d'efficacité et d'efficience.

Au terme de ce travail, nous concluons que les leishmanioses au Maroc ne constituent plus des entités nosogéographiques bien différenciées. Les coexistences des parasites sont signalées à multiple reprises (Rhajaoui 2011 ; Hmamouch *et al.* 2014) rendant ainsi le statut épidémiologique des leishmanioses au Maroc plus complexe.

Situation qui nécessite des révisions des actions de lutte pour les adapter au contexte actuel en se basant sur la formation continue du personnel notamment en matière de lutte anti-vectorielle et anti-réservoir qui font souvent défaut et sur le partenariat entre les chercheurs et les décideurs pour préciser les besoins en recherches et leurs implications en santé publique.

## REFERENCES BIBLIOGRAPHIQUES


Agoumi A. 2003- Leishmanioses. Précis de parasitologie médicale, ouvrage, collection. Médika. La référence médicale, 0048: 49-63.

Ajaoud M., ES-Sette N., Hamdi S., EL-Idrissi A. L., Riyad M. & Lemrani M. 2013- Detection and molecular typing of *Leishmania tropica* from *Phlebotomus sergenti* and lesions of cutaneous leishmaniasis in an emerging focus of Morocco. Parasit Vectors. 6, 217.

Alvar J., Cañavate C., Molina R., Moreno J., Nieto J. 2004- Canine leishmaniasis. Adv. Parasitol. 57:1-88.

Amro A., Hamdi S., Lemrani M., Idrissi M., Hida M., Rhajaoui M., Hamarshe O. & Sconian G. 2013- Moroccan *Leishmania infantum*: genetic diversity and population structure as revealed by multi-locus microsatellite typing. PLoS ONE 8, e77778.

Amusategui, A. Sainz, E. Aguirre, and M. A. Tesouro, "Seroprevalence of *Leishmania infantum* in Northwestern Spain, an area traditionally considered free of leishmaniasis," Annals of the New York Academy of Sciences, vol. 1026, pp. 154–157, 2004.

Arroub H., Alaoui A., Lemrani M. & Abbari K. 2012- Cutaneous Leishmaniasis in Foum Jamâa (Azilal, Morocco): micro-environmental and socio-economical risk factors. J Agric Soc Sci 1, 10-16.

Beck L.R., Lobitz B.M. & Wood B.L. 2000- Remote sensing and human health: new sensors and new opportunities. Emerg. Infect. Dis. 6, 217-226.

Azzouzi A. 2009. Les Maladies Tropicales Négligées au Maroc : Contribution à l'élaboration d'une approche intégrée de lutte. Université Victor-Segalen, Bordeaux II.

Bailly-Chaumara H., Abonnec E. & Pastre J. 1971- Contribution à l'étude des phlébotomes du Maroc (Diptera: Psychodidae). Données faunistiques et écologiques. Cah. ORSTOM, sér. Ent. Méd. Parasitol. IX, 4, 431-460.

Belazzoug S. 1983- Isolation of *Leishmania major* Yakimoff & Schokhor, 1914 from *Psammomys obesus* Gretzehmar, 1828 (Rdentia: Gerbillidae) in Algeria. Trans. Roy. Soc. Trop. Med. Hyg. 77, 876.

Born K., Fink A.H. & Paeth H. 2009- Dry and Wet Periods in the Northwestern Maghreb for Present Day and Future Climate Conditions.

Bounoua L., Kahime K., Houti L., Blakey T., Ebi K.L., Zhang P., Imhoff M.L., Thome K., Dudek C., Sahabi S.A., Messouli M., Makhlouf B., El Laamrani A. & Boumezzough A. 2013- Linking Climate to Incidence of Zoonotic Cutaneous Leishmaniasis (*L. major*) in Pre-Saharan North Africa International Journal of Environmental Research and Public Health .10(8), 3172-3191.

Boussaa S. 2016. Maladies à transmission vectorielle et Changement climatique. Journée scientifique en marge de la COP 22 : La santé & les changements climatiques : quels impacts et quelle adaptation ? 17 Novembre, ISPITS-Marrakech.

Boussaa S., K. Kahime, A.M. Samy, A. Ben Salem , A. Boumezzough. 2016. Species composition of sand flies and bionomics of *Phlebotomus papatasi* and *P. sergenti* (Diptera: Psychodidae) in cutaneous leishmaniasis endemic foci, Morocco. Parasites & Vectors, 9:60.

Boussaa S., Kasbari M., El Mzabi A. & Boumezzough A. 2014- Epidemiological investigation of canine leishmaniasis in Southern Morocco. Adv. Epidemiol. 8, ID 104697.

Boussaa S. & Boumezzough A. 2014- Identification et caractérisation des gîtes larvaires de phlébotomes (Diptera: Psychodidae) à Marrakech (Maroc). Entomologie Faunistique 67, 93-101.

Boussaa S., Neffa M., Pesson B. & Boumezzough A. 2010- Phlebotomine sandflies (Diptera: Psychodidae) of southern Morocco: results of entomological surveys along the Marrakech–Ouarzazat and Marrakech–Azilal roads. Annals of Tropical Medicine & Parasitology.104, 163-170.

Boussaa S., Pesson B. & Boumezzough A. 2009- Faunistic study of the sandflies (Diptera: Psychodidae) in an emerging focus of cutaneous leishmaniasis in Al Haouz Province, Morocco. Ann Trop Med Parasitol .103(1), 73-83.

Boussaa S. 2008- Epidémiologie des leishmanioses dans la région de Marrakech, Maroc. Effet de l'urbanisation sur la répartition spatio–temporelle des phlébotomes and caractérisation moléculaire de leurs populations. Ph.D. Thesis, Université Cadi Ayyad, Marrakech, Morocco and Université Louis Pasteur, Strasbourg, France. Available from: http://scdtheses.u-strasbg.fr/1494/01/BOUSSAA_Samia_2008.pdf

Boussaa S., Boumezzough A., Remy P.E., Glasser N. & Pesson, B. 2008- Morphological and isoenzymatic differentiation of *Phlebotomus perniciosus* and *Phlebotomus longicuspis* (Diptera: Psychodidae) in Southern Morocco. Acta Trop. 106, 184–189.

Chiheb S, Guessous-Idrissi N, Hamdani A, Riyad M, Bichichi M, Hamdani S, Krimech A. 1999. *Leishmania tropica* cutaneous leishmaniasis in an emerging focus in North Morocco: new clinical forms. Ann Dermatol Venereol. 126, 419–2.

Colonieu L. 1931- Sur un cas de boutons d'Orient multiples contractés dans l'Atlas marocain. Archives de l'Institut Pasteur d'Algérie. 9, 13-14.

Custodio, E., Gadisa, E., Sordo, L., Cruz, I., Moreno, J., Nieto, J., Chicharro, C., Aseffa, A., Abraham, Z., Hailu, T. Canavate, C. 2012. Factors associated with *Leishmania* asymptomatic infection: results from a cross-sectional survey in highland northern Ethiopia. PLoS Negl Trop Dis, **6,** e1813.

Daoudi M., Echchakery M., Boussaa S., Boumezzough A.2016. Le Risque De Co-Infection VIH/*Leishmania* Dans La Région De Marrakech-Safi. JONARESS II, 7 et 8 décembre, Settat.

Dedet J.P. 2001a- Répartition géographique des leishmanioses. Méd. Mal. Infect. 31, 178-183.

Dedet J.P. 2001b- Leishmanies, leishmanioses. Biologie, clinique et thérapeutique. Encyclopédie Médico-Chirurgical. 8: 506-510.

Dedet J., F. B. Osman, A. Chadli, H. Croset, and J. A. Rioux. 1973. “Leishmaniasis in Tunisia. Sero immunological survey of the frequency of infestation,” Annales de Parasitologie Humaine et Comparee, 48, 653–660

Dereure J., Rioux J.P., Gallego M., Perieres J., Pratlong F., Mahjour J. & Saddiki A. 1991- *Leishmania tropica* in Morocco: infection in dogs. Trans. R. Soc. Trop. Med. Hyg. 85, 595.

Dereure J., Velez I.D., Pratlong F., Denial M., Lardi M., Moreno G., Serres E., Lanotte G. & Rioux J.P. 1986- La leishmaniose viscérale autochtone au Maroc méridional. Présence de *Leishmania infantum* MON-1 chez le Chien en zone présaharienne. Leishmania. Taxonomie et Phylogenèse. Applications éco-épidémiologiques. Coll. Int. CNRS/INSERM, 1984. IMEEE, Montpellier. 421-425.

Dejeux P. 1991- Information sur l'épidémiologie des leishmanioses et la lutte contre ces maladies par pays ou territoires. OMS. 30.

Desjeux P. 2002- The increase in risk factors for leishmaniasis worldwide. WHO Mediterr Zoon Control Cent. 55p.

Desjeux P. 2001- The increase in risk factors for leishmaniasis worldwide. Trans roy Soc trop Med Hyg. 95, 239-243.

Di Bella, C., Vitale, F., Russo, G., Greco, A., Milazzo, C., Aloise, G., *et al.* 2003. Are rodents a potential reservoir for *Leishmania infantum* in Italy? J. Mt. Ecol. 7: 125-129.

Di Lorenzo CO., Diez-Roux A., Comini CC., Augusto FP. 2006. A case-control study of microenvironmental risk factors for urban visceral leishmaniasis in a large city in Brazil, 1999-2000. Rev Panam Salud Publica/Pan Am J Public Health 20, 6.

Echchakery M., Boussaa S., Boumezzough A. 2016a. Infestation des rongeurs et les conséquences sur la sante animale, humaine et l'économie de la population dans la région Marrakech-Safi. Congrès Franco-Marocain de Parasitologie. 5-7 octobre, Marrakech.

Echchakery M., Boussaa S., Boumezzough A.. 2016b. Risque épidémiologique lié aux rongeurs réservoirs putatifs des parasites dans la région de Marrakech-Safi. Congrès Franco-Marocain de Parasitologie. 5-7 octobre, Marrakech.

Echchakery M., Boussaa S., Kahime K., Boumezzough A. 2015a-Epidemiological role of a rodent in Morocco: Case of cutaneous leishmaniasis. Asian Pacific Journal of Tropical Disease 08/2015; 5(8),589-594. DOI:10.1016/S2222-1808(15)60893-3.

Echchakery M., N. Fajali, K. Souhail, M. Aajly, N. Chawki, A. Boumezzough, S. Boussaa, A. Addebbous. 2015b. Co-infection *VIH/ Leishmania* : les prémices d'une épidémie dans la région de Marrakech ! 14ème journées de l'association de lutte contre les maladies infectieuses. Marrakech 14 février

El Alami S. 2009. 85 années de leishmanioses au Maroc. Thèse de Doctorat en Pharmacie. Faculté de Médecine et Pharmacie, Rabat.

ES-Sette N., Ajaoud M., Laamrani-Idrissi A., Mellouki F. & Lemrani M. 2014-Molecular detection and identification of *Leishmania* infection in naturally infected sand flies in a focus of cutaneous leishmaniasis in northern Morocco. Parasit Vectors. 7, 305.

Faraj, C., Ouahabi, S., Adlaoui el, B., El Elkohli, M., Lakraa, L., EL Rhazi, M. and Ameur, B. 2012. Insecticide susceptibility status of *Phlebotomus* (*Paraphlebotomus*) *sergenti* and *Phlebotomus* (*Phlebotomus*) *papatasi* in endemic foci of cutaneous leishmaniasis in Morocco. *Parasit Vectors,* **5,** 51.

Fellah H., Doughmi O., Maniar S., El Ouali Lalami A. 2014. Etude séro-épidémiologique de la leishmaniose canine au centre du Maroc. Pan African Medical Journal.

Feitosa, M. M., Ikeda, F. A., Luvizotto, M. C. R. and Perri, S. H. V. (2000). Aspectos clínicos de cães com leishmaniose visceral no município de Araçatuba São Paulo (Brasil). *Clínica Veterinária,* 28, 36-44.

Feliciangeli M.D. (2004). Natural breeding places of phlebotomine sandflies. Medical and Veterinary Entomology 18, p. 71-80.

Flys-Sainte-Marie P.E. 1934- Premier cas de leishmaniose viscérale infantile observé dans la région de Fés. Maroc méd. 146, 320-332.

Gaud J. 1947- Phlébotomes du Maroc. Bull. Soc. Nat. Maroc. 27, 207-212.

Gaud J. 1954- Phlébotomes du Maroc. Bull. Instit. Hyg. Maroc. 14, 91-107.

Gaud J. & Laurent J. 1952- Observations sur les phlébotomes de la région de Rabat. Bull. Soc. Sccs Nat. Maroc. XXVII, 207-212.

Guernaoui S., Boumezzough A., Pesson B. & Pichon G. 2005a- Entomological investigations in Chichaoua: An emerging epidemic focus of cutaneous leishmaniasis in Morocco. J. Med. Entomol., 42(4), 697-70.

Guessous-Idrissi N. 1999- La leishmaniose cutanée à Taza. Recherche Nationale, les Cahiers du Médecin. Tome II- N° 19, 37-40.

Guessous-Idrissi N., B. Berrag, M. Riyad, H. Sahibi,M. Bichichi, and A. Rhalem, 1997a "Short report: *Leishmania tropica*: etiologic agent of a case of canine visceral leishmaniasis in Northern Morocco," 1997. The American Journal of Tropical Medicine and Hygiene, 57, 172–173.

Guessous-Idrissi N., Hamdani A., Rhalem A., Riyad M., Sahibi H., Dehbi F., Bichichi M., Essari A. & Berrag B. 1997b. Epidemiology of Human Visceral Leishmaniasis in Taounate, A Northern Province Of Morocco. Parasite, 2, 181-185

Hamdani A. 1999- Etude de la faune phlébotomienne dans trois foyers de leishmanioses au Nord du Maroc : Espèces, Abondance, Saisonnalité et incrimination du vecteur. Thèse de 3ème cycle, Faculté des Sciences Semlalia, Marrakech. 57 p.

Haralambous C., A. Dakkak, F. Pratlong, J.-P. Dedet, and K. Soteriadou. 2007. First detection and genetic typing of *Leishmania infantum*MON-24 in a dog from the Moroccan Mediterranean coast: genetic diversity of MON-24, Acta Tropica, 103, 69–79.

Helhazar, M., Leitão, J., Duarte, A., Tavares, L., da Fonseca, IP., 2013. Natural infection of synathropic rodent species *Mus musculus* and *Rattus norvegicus* by *Leishmania infantum* in Sesimbra and Sintra--Portugal. Parasit. Vectors. 8: 6-88.

Hmamouch A., Amarir F., Fellah H., Karzaz M., Bekhti K., Rhajaoui M. & Sebti. F. 2014- Coexistence of *Leishmania tropica* and *Leishmania infantum* in Sefrou province, Morocco.ActaTrop.130, 94-99.

Iguermia S., Harmouche T., Mikou O., Amarti A. & Mernissi F.Z. 2011- Mucocutaneous leishmaniasis in Morocco, evidence of the parasite's ecological evolution?. Med Mal Infect 41, 47- 48.

Jeaume G. 1932. Un cas de leishmaniose naturelle généralisée chez le chien au Maroc. Bull Soc Path Exot 25: 225-227

Jacobson R.L., Eisenberger C.L., Svobodova M., Baneth G., Sztern J., Carvalho J., Nasereddin A., El Fari M., Shalom U., Volf P., Votypka J., Dedet J.P., Pratlong F., Schonian G., Schnur L.F. Jaffe C.L. & Warburg A. 2003- Outbreak of Cutaneous Leishmaniasis in Northern Israel. J. Infec. Dis. 188, 1065-1073.

Kahime K., S. Boussaa, A. Laamrani-El Idrissi, H. Nhammi, A. Boumezzough. 2016. Epidemiological study on acute cutaneous leishmaniasis in Morocco. Journal of Acute Disease. 5: 41–45

Kahime K, Boussaa S, Ouanaimi F, Boumezzough A. 2015a. Species composition of phlebotomine sand fly fauna in an area with sporadic cases of *Leishmania infantum* human visceral leishmaniasis, Morocco. Acta Tropica. 148:58-65

Kahime K., S. Boussaa, A. El Mzabi, A. Boumezzough. 2015b. Spatial relations among environmental factors and phlebotomine sand fly populations (Diptera: Psychodidae) in central and southern Morocco. Journal of Vector Ecology. 40, 342-352.

Kahime K., Boussaa S., Bounoua L., Ouanaimi F., Messouli M. & Boumezzough A. 2014- Leishmaniasis in Morocco: diseases and vectors. Asian Pac J. Trop Dis. 4, S530-4.

Kitron, U. 1998. Landscape ecology and epidemiology of vector-borne diseases: Tools for spatial analysis. J. Med. Entomol. 35: 435–445

Klippel A. & Monier V. 1921- Un cas de Kala-Azar d'origine marocaine. *Société Méd. Hôp. de Paris*, 8 juillet, 1037- 1038.

Lemrani M., Nejjar M. & Pratlong F. 2002- A new *Leishmania tropica* zymodeme–causitive agent of canine visceral leishmaniasis in northern Morocco. Ann.Trop. Med. Parasitol. 96, 637-638.

Lemrani M., Nejjar N. & Benslimane A. 1999- A new focus of cutaneous leishmaniasis due to *Leishmania infantum* in Northern Morocco. G. Ital. Med. Trop. 4, 3-4.

Lewis D.J. (1971). Phlebotomid Sandflies. Bulletin de l'Organisation Mondiale de la Santé 44, 535-551.

Mahjour J., Akalay O. & Saddiki A. 1992- Les leishmanioses au Maroc de l'analyse éco-épidémiologie à la prévention. DEPS Bul. Epidém. Supp. N°7.

Marins, J. R. P. 2011. Leishmaniose Visceral: uma doença em expansão: 15ª Reunião de Pesquisa

Aplicada em Leishmaniose. Centro Educacional e Administrativo da Universidade Federal do Triângulo Mineiro, Uberaba, Brasil.

Mansueto S., M. D. Miceli, and P. Quartararo, 1982 "Counterimmunoelectrophoresis (CIEP) and ELISA tests in the diagnosis of canine leishmaniasis," Annals of Tropical Medicine and Parasitology, 76, 229–231, 1.

Moncaz A., Faiman R., Kirstein O. & Warburg A. 2012. Breeding Sites of *Phlebotomus sergenti*, the Sand Fly Vector of Cutaneous Leishmaniasis in the Judean Desert. PLoS Neglected Tropical Disease 6, 1725-1735.

MS- Ministère de la Santé. 2010- Lutte contre les leishmanioses. Guide des activités. Direction de l'épidémiologie et de lutte contre les maladies. Service des Maladies parasitaires. Ministère de la Santé. Maroc. Edition 2.

MS- Ministère de la Santé. 1997- Lutte contre les leishmanioses. Guide des activités. Direction de l'épidémiologie et de lutte contre les maladies. Service des Maladies parasitaires. Ministère de la Santé. Maroc. http://www.sante.gov.ma/departements/delm/index-delm.htm.

MS- Ministère de la Santé, 2015a- A report on progress of control programs against parasitic diseases. Directorate of Epidemiology and Disease Control, Ministry of Health, Rabat, Morocco; Available at http://www.sante.gov.ma/departements/delm/index-delm.htm.

MS- Ministère de la Santé, 2015b- Implementation of the Political Declaration on HIV/AIDS. National report; 96 p. Available at http://www.unaids.org/sites/default/files/country/documents/MAR_narrative _report_2015.pdf

Molina R., Amela C., Nieto J., Sanandres. M., Gonzalez F., Castillo J. Lucientes A. & Alvar J. 1994- Infectivity of dogs naturally infected with *Leishmania infantum* to colonized *Phlebotomus perniciosus*. Trans. R. Soc. Trop. Med. Hyg. 88, 491-493.

Minodier P., Piarroux R., Garnier J.M. & Unal D. 1999- Leishmaniose viscérale méditerranéenne : physiopathologie. Presse. Med. 28(1): 28-33.

Mouttaki T., H. Maksouri, J. El Mabrouki, G.Merino-Espinosa, H. Fellah, M. Itri, J. Martin-Sanchez, M. Soussi-Abdallaoui, S. Chiheb, M. Riyad. (2018). Concomitant visceral and localized cutaneous leishmaniasis in two Moroccan infants. *Infectious Diseases of Poverty* 7:32

Murray, H. W., Berman, J. D., Davies, C. R. and Saravia, N. G. (2005). Advances in leishmaniasis. Lancet, 366, 1561-1577.

Nackers F., Y. Kathrin Mueller, Niven S., M. Siddig Elhag, M. Elnour Elbadawi, O. Hammam, A. Mumina, A. Abdalla Atia, J.F. Etard, K. Ritmeijer, F. Chappuis. 2015. Determinants of Visceral Leishmaniasis: A

Case-Control Study in Gedaref State, Sudan. PLOS. DOI:10.1371/journal.pntd.0004187

Navea-Pérez, HM., Díaz-Sáez, V., Corpas-López, V., Merino-Espinosa, G., Morillas-Márquez, F., Martín-Sánchez, J., 2015. *Leishmania infantum* in wild rodents: reservoirs or just irrelevant incidental hosts? Parasitol. Res. 114:2363-2370.

Nejjar R., Lemrani M., Boucedda L., Amarouch H. & Benslimane A. 2000- Variation in antibody titres against *Leishmania infantum* in naturally infected dogs in northern Morocco. Revue Méd. Vét. 151, 8-9, 841-846

Nejjar R, Lemrani M, Malki A, Ibrahimy S, Amarouch H, Benslimane A. 1998. Canine leishmaniasis due to *Leishmania infantum* MON-1 in northern Morocco. Parasite 5: 325-330

Natami A., Sahibi H., Lasri S., Boudouma M., GuessoussIdrissi N. & Rhalem A. 2000-Serological, clinical and histopathological changes in naturally infected dogs with *Leishmania infantum* in the Khemisset province, Morocco. Vet Res, 31, 355-363.

Nuremberg 1947. The Nuremberg code : from Trials of War Criminals before the Nuremberg Military Tribunals under Control Council Law No. 10. Washington, D.C.: U.S. G.P.O.

OMS - Organisation Mondiale de la Santé. 2016- Relevé épidémiologique hebdomadaire. 22, 91, 285–296.

OMS- Organisation Mondiale de la Santé. 2010- Control of the Leishmaniasis: Report of a Meeting of the WHO Expert Committee on the Control of Leishmaniases. World Health Organization Technical Report Series No. 949; WHO: Geneva, Switzerland.

OMS - Organisation Mondiale de la Santé. 2003- Défense mondiale contre la menace des maladies infectieuses, ouvrage préparé sous la direction de Mary Kay Kindhauser, WHO/CDS/2003.15

OMS- Organisation Mondiale de la Santé. 1990- Lutte contre les leishmanioses. Série de Rapports Techniques. Genève, 176 p.

Ouanaimi F., Boussaa S. & Boumezzough A. 2015-Phlebotomine sand flies (Diptera: Psychodidae) of Morocco: results of an entomological suvery along three transects from northern country. Asian Pac J. Trop Dis. 5, 299-306.

Ouadia Z, Akhdari N, Hocar O, Amal S, Tassi N. 2016. Polymorphic lesions of cutaneous leishmaniasis revealing human immunodeficiency virus infection. Med Mal Infect. 46: 393-395.

Paniker C. K. J. 2013- Paniker's Textbook of Medical Parasitology. JP Medical Ltd, 266.

Papadogiannakis, E., Spanakos, G., Kontos, V., Menounos, PG., Tegos, N., Vakalis, N., 2010. Molecular detection of *Leishmania infantum* in wild rodents (*Rattus norvegicus*) in Greece. Zoonoses Public Health. 57: e23-e25.

Peters W., Chance M.L., Chowdhury A.B., Ghoshdastidar B., Nandy A., Kalra J.L., Sanyal R.K., Sharma M.I.D., Srivastava L. & Schnur L.F. 1981- The identity of some stocks of *Leishmania* isolated in India. Ann. Trop. Med. Parasit. 75, 247-249.

Pesson B., Ready J.S., Benabdennbi I., Martin-Sanchez J., Esseghir S., Cadi Soussi M., Morillas-Marquez F. & Ready P.D. 2004- Sandflies of the *Phlebotomus perniciosus* complex: mitochondrial introgression and a new sibling species of *P. longicuspis* in the Moroccan Rif. Med. Vet. Entomol. 18, 25-37.

Pratlong F., Rioux J.A., Dereure J., Mahjour J., Gallego M., Guilvard E., Lanotte G., Périères J., Martini A. & Saddiki A. 1991- *Leishmania tropica* au Maroc. IV. Diversité isozymique intrafocale. Ann. Parasitol. Hum. Comp. 66, 100-104.

Ramaoui K., Guernaoui S. & Boumezzough A. 2008- Entomological and epidemiological study of a new focus of cutaneous leishmaniasis in Morocco. Parasitol Res. 103, 859-863.

Rami M., T. Atarhouch, M. Sabri, M. Cadi Soussi, T. Benazzou, and A. Dakkak. 2003. Canine leishmaniasis in the Rif mountains (Moroccan Mediterranean Coast): sero-epidemiological survey. Parasite, 10, 79–85.

Ready P.D. 2014- Epidemiology of visceral leishmaniasis. Clin. Epidemiol. 6, 147–154.

Remilinger P. 1926. Au sujet de la leishmaniose au Maroc. Maroc Médical ; 52 :117-118.

Rhajaoui M. 2012 Evaluation de l'implantation du plan de riposte contre la leishmaniose cutanée à *Leishmania tropica* au niveau provincial. Mémoire de Fin d'Etudes. Institut National d'Administration Sanitaire. Rabat.

Rhajaoui M., Sebti F., Fellah H., Alam M.Z., Nasereddin A., Abbasi I. & Schönian G. 2012- Identification of the causative agent of cutaneous leishmaniasis in Chichaoua Province, Morocco. Parasite. 19, 81-84.

Rhajaoui M. 2011- Human Leishmaniases in Morocco: A nosogeographical diversity. Pathol. Biol. 59, 226–229.

Rhajaoui M., Abedelmajed N., Fellah H., Azmi K., Amrir F., Al-jawabreh A., Ereqat S., Planer J. & Abdeen Z. 2007-New clinico-epidemiologic profile of cutaneous leishmaniasis, Morocco. Emerg Infect Dis. 13, 1358-1360.

Rioux J.A. & De La Rocque S., 2003- Climats, leishmanioses et trypanosomiases. Changements climatiques, maladies infectieuses et allergiques. Ann. Inst. Past. 16, 41-62.

Rioux J.A. 2001- Trente ans de coopération franco–marocaine sur les leishmanioses: dépistage et analyse des foyers. Facteurs de risque. Changements climatiques et dynamique nosogéographique. Association des Anciens Elèves de l'Institut Pasteur, 168, 90-101.

Rioux J.A., Mahjour J., Gallego M., Dereure J., Périères J., Laamrani A., Riera C., Saddiki A. & Mouki B. 1996- Leishmaniose cutanée humaine à

*Leishmania infantum* MON-24 au Maroc. Bull. Soc. Fr. Parasitol. 14, 179-183.

. Rioux J.A., Akalay O., Périères J., Dereure J., Mahjour J., Le Houérou H.N., Léger N., Desjeux P., Gallego M., Saddiki A., Barkia A. & Nachi H. 1997- L'évolution éco-épidémiologique du 'risque leishmanien' au Sahara atlantique marocain. Intérêt heuristique de la relation 'phlébotomes bioclimats'. Ecol. Mediterr. 23, 73–92.

Rioux J.A., Guilvard E., Dereure J., Lanotte G., Denial M., Pratlong F., Serres E. & Belmonte A. 1986- Infestation naturelle de *Phlebotomus papatasi* (Scopoli, 1786) par *Leishmania major* MON-25. A propos de 28 souches isolées dans un foyer du Sud Marocain. In: Leishmania. Taxinomie et Phylogenèse. Applications écoépidémiologiques. (Coll. Int. CNRS/INSERM, 1984), IMEEE, Montpellier, France, 471-480.

Rioux J.A., Rispail P., Lanotte G. & Lepart J. 1984. Relations phlébotomes-bioclimats en écologie des leishmanioses. Corollaires épidémiologiques. L'exemple du Maroc. Bull. Soc. Bot. Fr. 131, 549–557.

Rioux J.A., Petter F., Akalay O., Lanotte G., Ouazani A., Seguignes M. & Mohcine A. 1982- Meriones shawi (Duvernoy, 1842) (Rodentia, Gerbillidae), réservoir de Leishmania major Yakimoff et Shokhor, 1914 dans le Sud Marocain. C.R. Acad. Sci. Paris. 294, 515-517.

Rioux J.A., Croset H., Léger N. & Rosin G. 1977- Présence au Maroc de *Phlebotomus perfiliewi* Parrot, 1930. Ann. Parasitol. 52, 377-380.

Rioux J.A., Croset H., Léger N., Ben Mansour N. & Cadi Soussi M. 1975- Presence of *Phlebotomus bergeroti*, *Phlebotomus chabaudi*, *Phlebotomus chadlii* and *Sergentomyia christophersi* in Morocco. Ann Parasitol Hum Comp. 50, 493-506

Rispail P., Dereure J. & Jarry D. 2002- Risk zones of human leishmaniases in the western Mediterranean basin. Correlations between vectors sand flies, bioclimatology and phytosociology. Mem. Inst. Oswaldo Cruz, Rio de Janeiro. 97, 477- 483.

Ristorcelli A. 1939- Contribution à l'étude des phlébotomes du Maroc. Ann. Parasitol. Hum. Comp. 17, 364–365.

Ristorcelli A. 1940- Sur les phlébotomes du Maroc. Arch. Inst. Pasteur du Maroc. 2, 367-381.

Ristorcelli A. 1941- Sur les phlébotomes du Maroc (2° note). Arch. Inst. Pasteur du Maroc. 2, 521-533.

Ristorcelli A. 1945- Sur les phlébotomes du Maroc (3° note). Arch. Inst. Pasteur du Maroc. 3, 105-109.

Ristorcelli A. 1947- Sur les phlébotomes du Maroc (4° note). Arch. Inst. Pasteur du Maroc. 3, 487-488.

Shehata M.G., Samy A.M., Doha S.A., Fahmy A.R., Kaldas R.M., Furman B.D. & Villinski J.T. 2009- First report of 335 Leishmania tropica from a classical focus of *L. major* in North-Sinai, Egypt. Am. J. Trop. 336 Med. Hyg. 81, 213-218.

SNC- Second National Communication. 2009- Ministère de l'Aménagement du territoire de l'habitat et de l'environnement, Royaume du Maroc. Second National Communication à la Convention Cadre des Nations Unis sur les Changements Climatiques.

Solomon Yared, Kebede Deribe, Araya Gebreselassie, Wessenseged Lemma, Essayas Akililu, Oscar D Kirstein, Meshesha Balkew, Alon Warburg, Teshome Gebre-Michael and Asrat Hailu. 2014. Risk factors of visceral leishmaniasis: a case control study in north-western Ethiopia. Parasites & Vectors, 7:470

Souhail M. 1994- La leishmaniose viscérale (revue de littérature nationale et internationale). Thèse de Doctorat en Médecine, Faculté de Médecine, Casablanca. Maroc. 90 p.

Souhmi F., S. Boussaa & Boumezzough A. 2016. Etude de la population a risque de la leishmaniose cutanée à *Leishmania tropica* et à *L. infantum* au Maroc. Colloque International, Les Sciences au Service de la Santé. Meknès les 04 et 05 Mai

Souhmi F., S. Boussaa & Boumezzough A. 2015. Contribution à la description de la population à risque pour la leishmaniose cutanée à *Leishmania tropica* au Maroc. Premières Journées Nationales de la Recherche en Sciences de la Santé – JONARESS-1. Tétouan, 30 et 31 Octobre

Silva, E. S., Roscoe, E. H. and Arruda, L. Q. (2001). Leishmaniose visceral canina: estudo clínico- epidemiológico e diagnóstico. Revista Brasileira de Medicina Veterinária, 23, 111-116.

Yahia H., Ready P.D., Hamdani A., Testa J.M. & Guessous Idrissi N. 2004- Regional genetic differentiation of *Phlebotomus sergenti* in three Moroccan foci of cutaneous leishmaniasis caused by *Leishmania tropica*. Parasite. 11, 189-199.

Young D.G. & Arias J.R. (1992). Phlebotomine sandflies in the Americas. Washington: Pan American Health Organization.

Zarrouk A., Kahime K., Boussaa S. & Belqat B. 2015-Ecological and epidemiological status of species of the *Phlebotomus perniciosus* complex (Diptera: Psychodidae, Phlebotominae) in Morocco. Parasitol Res DOI 10.1007/s00436-015-4833-0.

Printed by Books on Demand GmbH, Norderstedt / Germany